Andreas C. Lazar

Modelle zur Fußgängersimulation

GRIN Verlag

Bibliografische Information der Deutschen Nationalbibliothek:

Die Deutsche Bibliothek verzeichnet diese Publikation in der Deutschen National-
bibliografie; detaillierte bibliografische Daten sind im Internet über http://dnb.d-
nb.de/ abrufbar.

Impressum:

Copyright © 2004 GRIN Verlag GmbH
Druck und Bindung: Books on Demand GmbH, Norderstedt Germany
ISBN: 978-3-640-28713-0

Modelle zur Fußgängersimulation

Hauptseminar Studienprojekt B
Andreas C. Lazar

Inhalt

1. Einführung

[Hel02, SZ04] Schnelle und erschwingliche Massenverkehrsmittel und die weltweite
Bevölkerungsexplosion und Urbanisierung des Lebens führen zu immer mehr
globalen Massenereignissen wie der alljährlichen *Hajj* der Muslime in Mekka und
Umgebung, aber auch immer mehr lokalen Ansammlungen wie in Flughäfen,
Stadien, Theatern und Fußgängerzonen. Beim Entwurf und der Ausführung dieser
Anlagen müssen nicht nur ihre Ästhetik und Effizienz, sondern auch ihre
Angepaßtheit an unvermeidliche Phänomene der Selbstorganisation von
Fußgängermengen und damit ihre Sicherheit fortlaufend erwogen werden, um
Paniken wie zuletzt bei der *Hajj* 2004, bei der fast 250 Menschen umkamen, bereits
im Vorfeld durch geeignete bauliche Maßnahmen zu verhindern. Da Feldversuche,
um hinreichend aussagekräftig zu sein, sehr viel Geld, Zeit, Platz und Logistik und
einer großen Zahl von Versuchspersonen bedürften, die in mitunter
lebensgefährliche Situationen versetzt werden müßten, ist es nötig, auf möglichst
wirklichkeitsnahe Modelle zur Fußgängersimulation zurückzugreifen. Auf den
nächsten Seiten stelle ich dar, welche Phänomene ein solches Modell reproduzieren
sollte, und bewerte einige gängige Modelle anhand dieser Kriterien.

2. Phänomene in Fußgängermengen

[Hel00, Hel02, Hel03] Fußgängermengen werden seit gut vierzig Jahren mithilfe von
direkter Beobachtung, Fotografien und Videoanalysen untersucht, vorwiegend zur
Verhaltensforschung und Entwicklung von Planungsrichtlinien und
Entwurfselementen für Fußgängeranlagen. Obwohl es aus den oben genannten
Gründen allgemein an systematischen Studien und besonders für Paniken, zu denen
die Forschung meist empirisch und sozialpsychologisch orientiert ist, an quantitativen
Theorien mangelt, konnten dennoch einige sich weltweit wiederholende Regeln und
Phänomene bestimmt werden. Gute Simulationen sollten diese so wirklichkeitsnah
wie möglich reproduzieren, um zuverlässige Vorhersagen machen zu können.

Fußgänger wollen Umwege und ein Umkehren auf dem Weg zu ihrem Wunschziel
möglichst vermeiden, was unter anderem zu Trampelpfaden in Grünanlagen und
Parks führt. Ist ein kürzerer Weg jedoch nicht schneller oder weniger komfortabel als
ein längerer, gehen Fußgänger diesen, wobei sie immer die Geschwindigkeit
bevorzugen, in der sie am wenigsten Energie verbrauchen, solange sie nicht
schneller gehen müssen, um rechtzeitig zu ihrem Ziel zu gelangen. Auf ihrem Weg
halten Fußgänger Abstände zu anderen Fußgängern, Begrenzungen, Hindernissen
und möglichen Gefahren und ändern dafür nötigenfalls ihre Richtung und
Geschwindigkeit. Diese Abstände sinken mit der Erhöhung der Fußgängerdichte und
der Gehgeschwindigkeit.

Bereits aus diesen wenigen grundlegenden Regeln entstehen viele komplexe
Phänomene der Selbstorganisation.

2.1. Bahnen

Auf einem Weg in entgegengesetzte Richtungen gehende Fußgänger organisieren
sich ohne Kommunikation oder Absicht in Bahnen. Das Gehen in einer Bahn senkt
die Anzahl der Interaktionen mit entgegenkommenden Fußgängern, also die Anzahl
der nötigen Richtungs- und Geschwindigkeitsänderungen, was die Effizienz, also die
Durchschnittsgeschwindigkeit, für jeden einzelnen Fußgänger erhöht. Die Anzahl der
Bahnen hängt hierbei von der Breite und Länge des Weges und der Anzahl von Ein-
und Ausflüssen, Fluktuationen und Störungen ab. Auf welcher Seite eines Weges
sich eine Bahn entwickelt, ist kulturell verschieden - in Mitteleuropa gehen
Fußgänger bevorzugt auf der rechten, in Japan und Korea bevorzugt auf der linken
Seite. Durch allmähliche Effizienzsteigerung aufgrund wachsender Konformität hat
sich hier eine soziale Konvention herausgebildet, denn beide Seiten eines Weges
sind zum Gehen natürlich gleich vorteilhaft.

2.2. Freezing by heating

Bei hoher Fußgängerdichte und vielen Fluktuationen werden die Bahnen zerstört und
die Fußgänger blockiert, und ein metastabiler, das heißt, für strukturelle Störungen
anfälliger Zustand höherer Ordnung, aber höherer innerer Energie entsteht,
entgegen äußerlich ähnlichen Phänomenen in der Natur, die bei höherer Ordnung
geringere Energie aufweisen. Aus Ungeduld und dem Wunsch, die Blockade
aufzulösen, entstehende höhere Wunschgeschwindigkeiten erhöhen hierbei noch die
Reibung zwischen den Fußgängern und verstärken die Blockade.

2.3. Kreuzungen

Zwei sich kreuzende Fußgängerströme bilden Streifen rechtwinklig zur Summe der
Vektoren der angestrebten Bewegungsrichtungen, was erneut die Anzahl der nötigen
Interaktionen senkt und damit die Effizienz erhöht. Kreuzen sich mehr als zwei
Ströme, werden Kreisverkehre, Oszillationen und kurzlebige Streifen beobachtet, die
aber ständig in Konkurrenz stehen und einander stören und behindern, was die
Effizienz stark verringert.

2.4. Engstellen

An Flaschenhälsen kommt es, da Fußgänger nur schlecht mit ihren Nachfolgern
kommunizieren können, zu Störungen, Behinderungen und Verstopfungen durch
Koordinationsprobleme und unabsichtlich unterbundene Überholmanöver. Daher
kann die Effizienz an kurzen Engstellen für zwei entgegengesetzte Fußgängerströme
wie beispielsweise beim Haltevorgang einer Straßenbahn entgegen der Intuition
sogar höher als für einen einzigen Strom sein, da die Fußgänger einander sehen und
so besser miteinander kommunizieren können. Trotzdem kommt es dabei
proportional zur Länge der Engstelle zu immer deutlicheren Oszillationen, bei denen
Gruppen aus der einen Richtung so lange den Flaschenhals passieren, bis der durch
Ungeduld und dem Wunsch, die Engstelle zu passieren, gesteigerte Druck und die
Störungen der jeweils anderen Seite den Gegenstrom blockieren und die eigene
Passage erzwingen.

Auch wenn sich ein Weg weitet und später wieder verengt, kommt es zu
Behinderungen durch Fußgänger, die die Verbreiterung nutzen, um sich voneinander
zu entfernen und einander zu überholen und an der Engstelle wieder
zusammentreffen. Dieser Effekt wird umso stärker, je unterschiedlicher die
Wunschgeschwindigkeiten, je enger der Weg und je höher die Fußgängerdichte sind
und ist beispielsweise einer der Hauptauslöser der wiederkehrenden Katastrophen
beim Ritual der „Steinigung des Teufels" der *Hajj*. Hierbei müssen die Pilger
zwischen Mittag und Sonnenuntergang nacheinander jeweils sieben Steine auf drei
den Teufel symbolisierende Säulen werfen, die sich auf einer Brücke befinden. Da
diese Brücke sich zuerst weitet und zur letzten Säule hin verengt und da die Säulen
und die sie umgebenden Steinsammelbecken nicht auf die heutigen Pilgermengen
hin ausgelegt und die Pilger aufgrund der Zeitbeschränkung in Eile sind, kommt es
an der dritten Säule regelmäßig zu großen Verstopfungen und folglich Paniken mit
hunderten Toten.

2. 5. Paniken

Seit 1945 gab es weltweit mehr als 30 große Massenpaniken mit weit über 1000
Toten und 3500 Verletzten. Die Gründe für die Stampeden reichen von Einstürzen
und Feuern über verspätete oder nicht gewertete Tore bei Fußballspielen bis zur
Flucht vor Regen und Hagel. Selten konnte auch überhaupt keine Ursache
festgestellt werden. Die meisten Opfer entstanden in fast allen Fällen durch die Panik
selbst, nicht ihren Grund, denn bei der Verstopfung von Ausgängen durch
gegenseitige Behinderung panischer Fußgänger, die alle möglichst schnell
entkommen wollen, kann es zu addierten Kräften von über 4500 Newton kommen,
wobei ein Sturz in der Regel dazu führt, daß man niedergetrampelt und erstickt wird
und der Menge als zusätzliches Hindernis ein Entkommen weiter erschwert.

Die instinktive physiologische Übermannung durch eine Panik, die zu erhöhtem
Adrenalinausstoß führt und die Wahrnehmung auf für die Flucht wichtige Reize
reduziert, bevor man kognitive Entscheidungen treffen kann, spielt eine weitere
wichtige Rolle. Die Fußgänger versuchen schneller als gewöhnlich zu gehen, um der
Gefahr zu entkommen, fluktuieren aufgrund ihrer Nervosität viel mehr und lassen
sich auf mehr physische Interaktionen ein, was die Bewegungen und das Passieren
von Engstellen unkoordiniert macht und zur Verstärkung von Verstopfungen und
Staus führt.

Schließlich tritt in Paniken oft Herdenverhalten auf, also ein Transfer von Individual-
zu Massenpsychologie, in dem jeder die Kontrolle an alle anderen abgibt, was zu oft
fehlgeleiteter Konformität führt, die bewirken kann, daß die Menge sich in einer
Sackgasse oder an einem einzigen Ausgang – meist dem, durch den sie in die
Einrichtung gelangt ist - drängt und weitere Ausgänge übersieht, auch wenn diese
nicht durch Rauch oder einen Stromausfall schwer aufzufinden sind. So können auch
ohne objektive Notsituationen gefährliche Staus und Verstopfungen entstehen.

3. Makroskopische Modelle

[Hel02, Hen74, Kin03] Traditionell makroskopische und aus ihnen hervorgegangene Modelle wie die Sicht der Fußgängerströme als Gase und kompressible Fluide durch Henderson erlauben Untersuchungen der Fußgängergeschwindigkeiten abhängig von der Dichte in einem Gebiet, setzen aber einen Impuls- und Energieerhalt voraus, der so im Fußgängerverkehr natürlich nicht existiert, auch wenn Phänomene wie Fußabdrücke von Fußgängerströmen im Schnee und die Selbstorganisation in Bahnen äußerlich an Fluidströme erinnern. Diese Modelle sind des weiteren schlecht für Simulationen in besonderen Umgebungen oder unter besonderen Bedingungen geeignet, da sie nicht die individuellen Interaktionen zwischen Fußgängern und ihre Selbstorganisationseffekte mit einbeziehen, die zu unerwarteten Behinderungen führen können.

Auch ein granulares Modell der Fußgängersimulation ist nur wenig besser, da die Verstopfungen an Engstellen und Flaschenhälsen wie beispielsweise in Salzstreuern in ihnen nur von statischen Reibungen und der Größe des Ausgangs statt von im Fußgängerverkehr relevanten entfernten Interaktionen und Triebkräften abhängen. Auch das Phänomen des „freezing by heating" ist wie bereits erwähnt dem physikalischen Verhalten von Granulaten entgegengesetzt, obwohl es ihm äußerlich gleicht. Die Forschung konzentriert sich daher in den letzten Jahren auf mikroskopische Modelle, die einzelne Fußgänger und die auf sie wirkenden Kräfte abbilden und sich für den praktischen Gebrauch als flexibler und auf weit mehr Situationen als makroskopische Modelle anwendbar erwiesen haben.

4. Mikroskopische Modelle

[Hel02] Mikroskopische Modelle unterscheiden sich in der Berechnung der Wunschgeschwindigkeit und -richtung der einzelnen Fußgänger und deren Abhängigkeit von anderen Fußgängern und Hindernissen in Bezug auf Geschwindigkeit und Abstand. Trotz der Unsicherheit über das tatsächliche Verhalten einzelner Individuen ist eine Modellierung vieler Individuen möglich, da im normalen Fußgängerverkehr vor allem Standardsituationen ohne besondere Einflüsse vorherrschen, für die ähnlich wie beim Autofahren erlernte Verhaltensweisen abgerufen werden, deren Wahrscheinlichkeit quantifiziert werden kann. Auf makroskopischer Ebene gleicht sich so die Ungewißheit über das tatsächliche Verhalten eines einzelnen Fußgängers über die Summe aller Fußgänger aus. Ähnlich verhält es sich in Paniksituationen, in denen zwar keine erlernten, aber dafür ebenfalls quantifizierbare instinktive Verhaltensweisen abgerufen werden. Im Folgenden werden einige gängige mikroskopische Modelle vorgestellt.

4.1. Zellularautomaten

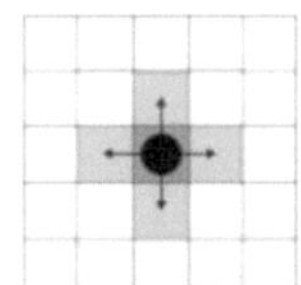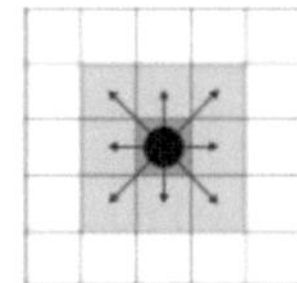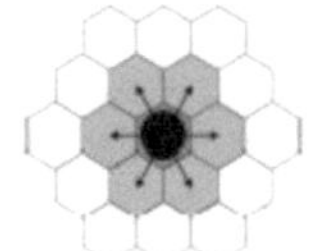

[Kin03] Zellularautomaten vereinfachen komplexe Systeme und aufwendige Berechnungen, indem sie sie in einzelne, weniger komplexe Komponenten aufteilen. Sie bestehen aus einem Zellengitter, das das Untersuchungsgebiet in einzelnen Elementen, in denen die Einflüsse und Kräfte konstant sind, diskretisiert, und aus einer endlichen Zustandsmenge, deren Übergänge durch eine endliche Zahl möglichst einfach umzusetzender Regeln beschrieben werden. Jede Zelle besitzt somit zu jedem Zeitpunkt genau einen Zustand, der in Abhängigkeit der Zustände der Nachbarzellen bestimmt und in einem konstanten Zeitschritt in den jeweils nächsten übergeführt wird. Zur Modellierung unterschiedlicher Fußgängerparameter wie beispielsweise verschiedener Geschwindigkeiten können Unterzeitschritte und zusätzliche Regeln eingeführt werden.

Zellularautomaten ermöglichen, wenn die Diskretisierung weder zu grob noch zu fein gewählt wurde, auf weit weniger komplexe und rechenaufwendige Weise als kontinuierliche mikroskopische Modelle die Betrachtung von mehr Eigenschaften als makroskopische Modelle und die schnelle Berechnung großer Fußgängermengen. Sie können so grundsätzliche Zusammenhänge wie die Dichte-Geschwindigkeit- und die Dichte-Stau-Beziehung aufzeigen. Zudem können kontinuierliche Modelle durch die Übertragung in Zellularautomaten leichter handhabbar gemacht werden.

Die in der Regel viereckigen Zellen bedürfen aber bei einer Mooreschen Nachbarschaftsrelation, die alle acht Nachbarzellen umfaßt, Sonderregeln für diagonale Bewegungen, die längere Schrittweiten als horizontale oder vertikale Bewegungen mit sich bringen, oder müssen auf eine wenig natürliche von Neumannsche Nachbarschaftsrelation beschränkt werden, die nur horizontale und vertikale Bewegungen erlaubt. In beiden Fällen wird die Simulation von Bahnen in einander entgegengesetzten Strömen und weiteren Phänomenen der Selbstorganisation schlechter, da die Fußgänger weniger Spurwechsel durchführen und somit öfter abbremsen, was die Effizienz senkt und die Stauanfälligkeit erhöht. Sechseckige Felder mit konstanten Abständen zu allen Nachbarzellen und natürlicheren Bewegungsregeln stellen hier eine Verbesserung dar.

4.2. Magnetkräftemodell

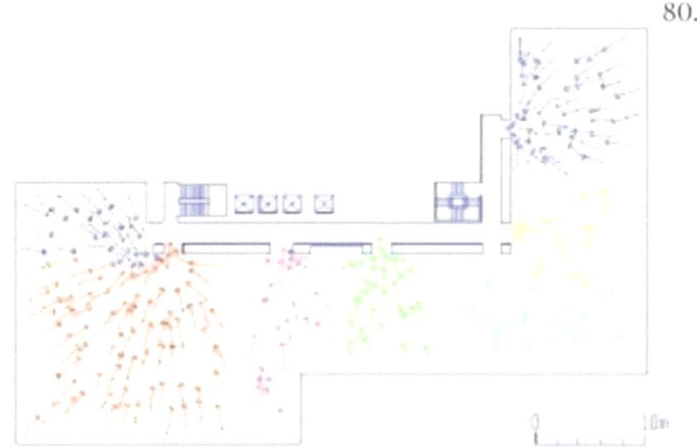

[Oka93, Tek00] In diesem von Shigeyuki Okazaki an der Fukui-Universität in Japan entwickelten kontinuierlichen Modell enthalten alle Fußgänger, Hindernisse und Begrenzungen eine positive und alle Ziele eine negative Ladung. Die Fußgänger bewegen sich mit zunehmender Geschwindigkeit auf das Ziel mit der höchsten Anziehungskraft zu, wobei sie gemäß der bekannten magnetischen Gesetze von gleichnamigen Ladungen abgestoßen werden und so Kollisionen und weite Umwege vermeiden. Ein Tempolimit verhindert, daß die Fußgänger den magnetischen Gesetzen folgend unendlich lange beschleunigen, eine weitere abstoßende, über die jeweiligen Geschwindigkeitsvektoren bestimmte Kraft vermeidet durch Richtungsänderungen Kollisionen mit anderen Fußgängern, und die Stärke der magnetischen Kraft regelt die Fußgängerdichte. Schnappschüsse der Simulation zu bestimmten Zeiten liefern ein diskretes Bild der kontinuierlichen Ströme.

Da nur wenige Parameter in das Magnetkräftemodell einfließen, ist es unmittelbar verständlich und leicht zu eichen, reproduziert aber dennoch eine Anzahl von Phänomenen wie etwa Evakuierungssituationen physisch. Jedoch sind mit steigender Fußgängerzahl immer aufwendigere kontinuierliche Berechnungen nötig, die Reproduktion von gegeneinanderlaufenden Strömen und Oszillationen ist aufgrund der Beschränktheit auf zwei Pole kaum möglich, und das Modell liefert keine Erklärungen für das Verständnis der Phänomene in Fußgängermengen, die bekanntlich nicht aufgrund magnetischer Gesetze entstehen.

4.3. Soziale-Kräfte-Modell

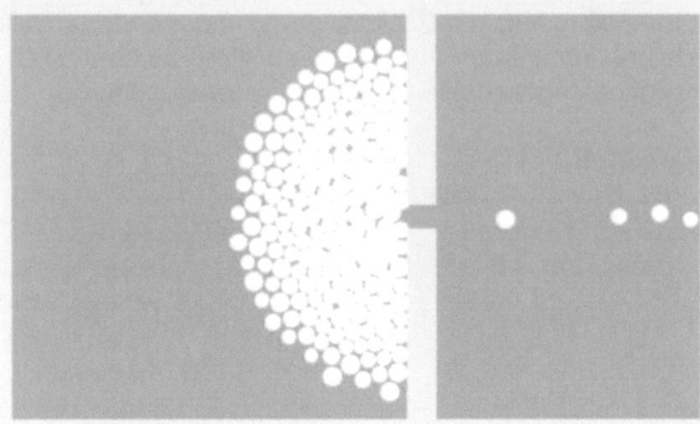

[Hel00, Hel02, Tek00] In diesem von Dirk Helbing an der TU Dresden entwickelten kontinuierlichen Modell geben Kraftterme die verschiedenen Motivationen der Fußgänger wieder. Die Wünsche, mit bestimmter Geschwindigkeit ein bestimmtes Ziel zu erreichen, Kontakt zu seinem Partner oder seiner Gruppe zu halten und sich Sehenswürdigkeiten zu nähern, bilden anziehende, die Wünsche, Wänden, Hindernissen und fremden Fußgängern fernzubleiben, abstoßende Kräfte.

Die Geschwindigkeitsänderung in der Zeit t bezüglich der Masse m eines Fußgängers i ist dann durch die Beschleunigungsgleichung

$$m_i \frac{dv_i}{dt} = m_i \frac{v_i^o(t)e_i^o(t) - v_i(t)}{\tau_i} + \sum_{j(\neq i)} [f_{ij}(t) + f_{ij}^{att}(t)] + \sum_W f_{iW}(t) + \sum_K f_{iK}^{att}(t)$$

gegeben. Hierin bedeutet v_i^o die Wunschgeschwindigkeit, in die eine je nach Situation mehr oder weniger starke Ungeduld über die Multiplikation der tatsächlichen Durchschnittsgeschwindigkeit mit einem sogenannten Panik- oder Nervositätsparameter n einbezogen werden kann - je niedriger die Durchschnittsgeschwindigkeit und je panischer man ist, desto mehr steigt die Wunschgeschwindigkeit. e_i^o modelliert die Wunschrichtung, die je nach der Größe des Panikparameters individuell, aus dem Durchschnitt der Richtungen der unmittelbaren Nachbarn oder aus einer Mischung dieser beiden Vorgaben ermittelt wird, was ein mehr oder weniger starkes Herdenverhalten simuliert.

Die tatsächliche Geschwindigkeit v_i wird dann in einer charakteristischen Zeit τ_i angepaßt, wobei der Fußgänger versucht, geschwindigkeitsabhängige dynamische und von psychosozialen Faktoren bestimmte konstante Abstände von anderen Fußgängern j zu wahren, die in der Summe der Interaktionskräfte f_{ij} modelliert werden. Berühren sich zwei Fußgänger, das heißt, ist der Abstand der Mittelpunkte ihrer Massen geringer als die Summe ihrer Radien, kommen zwei weitere Kräfte, inspiriert von Interaktionen in Granulaten, ins Spiel: eine Körperkraft wirkt der Kompression entgegen, und eine Gleitreibungskraft behindert relative tangentiale Bewegungen. Zudem kann über einen Parameter λ und den Winkel zwischen der Bewegungsrichtung und dem jeweiligen abstoßenden Objekt der anisotropische Charakter der Fußgängerbewegung modelliert werden, das heißt, daß Geschehnisse vor einem Fußgänger einen größeren Einfluß auf ihn ausüben als solche hinter oder neben ihm. Analog erfolgt die Berechnung der abstoßenden Kräfte von Wänden und Hindernissen W, die in der Summe von f_{iW} einbezogen wird. Als anziehende Kräfte wirken ferner die ebenfalls auf gleiche Weise berechneten Partner- und Gruppenzugehörigkeiten in der Summe von f_{ij}^{att} und statische Attraktionen in der Summe von f_{iK}^{att}, diese können aber zur Vereinfachung des Modells ebenso wie λ vernachlässigt werden.

Das Soziale-Kräfte-Modell erfordert die Ermittlung und Eichung vieler Parameter, welche durch die empirische Beobachtung von Fußgängerströmen erfolgt, wobei es aber aus den oben genannten Gründen an Werten für Paniksituationen mangelt. Es erfordert ferner mit steigender Fußgängerzahl immer aufwendigere kontinuierliche Berechnungen, bietet dafür aber in einem vereinten Modell, das durch den Panikparameter einen kontinuierlichen Übergang zwischen normalen und panischen Situationen ermöglicht, eine Umsetzung psychosozialer, also unberechenbarer, in physische, also berechenbare Kräfte, die auch mit wenigen, weitgehend identischen Fußgängern und geschätzten Parameterwerten die meisten Phänomene in Fußgängermengen wirklichkeitsnah reproduziert. Zudem liefert es mögliche Erklärungen für diese Phänomene wie beispielsweise eine Kombination aus der Erhöhung der Wunschgeschwindigkeiten, Reibungen und Herdenverhalten als Ursache von Verstopfungen bei Paniken. Das einfache und robuste Modell eignet sich somit gut zur Prognose, Planung und Optimierung von Fußgängeranlagen.

5. Fazit und Ausblick

[Hel02] Der Fußgängerforschung fehlen auf absehbare Zeit aus systemischen Gründen quantifizierbare Daten zur bestmöglichen Eichung von Parametern für Simulationen. Dennoch konnten verschiedene sich weltweit wiederholende, unvermeidbare Phänomene der Selbstorganisation von Fußgängermengen festgestellt werden. Nur wenn man diese Phänomene kennt und in die Planung, den Bau und die Verbesserung von Fußgängeranlagen einbezieht, kann man deren Kapazität, Effizienz und Sicherheit zu geringen Kosten erhöhen.

Ein gutes Modell, das die Phänomene auch mit den gegebenen unvollständigen Daten wirklichkeitsnah reproduziert und darüber hinaus noch Vorhersagen und Verbesserungen ermöglicht, ist hierfür ein geeignetes Werkzeug. So hängen Fußgängerströme sehr von Begrenzungen ab, die durch auf einem guten Modell basierende evolutionäre Algorithmen in Bezug auf ihre Effizienz, also die durch sie ermöglichte Durchschnittsgeschwindigkeit, ihren Komfort, also die Anzahl und den Grad der durch sie nötigen Richtungsänderungen, und ihre Sicherheit, also die Wahrscheinlichkeit der durch sie ausgelösten Verstopfungen und Behinderungen, modelliert und schrittweise verbessert werden können. Analog können Form und Ort von Gebäuden, Räumen und Ausgängen und die Anordnung von Einrichtungen wie Türen, Korridoren, Aufzügen und Rolltreppen gestaltet werden.

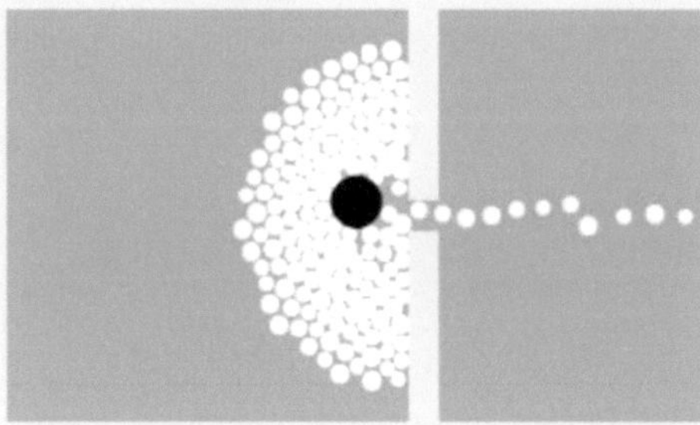

Als allgemeine Gestaltungsrichtlinie empfiehlt es sich so beispielsweise, einander entgegengesetzte Fußgängerströme optisch und psychologisch, aber nicht physisch zu trennen, zum Beispiel durch Säulen, Bäume oder unterbrochene Geländer. Diese unterbinden die Ströme störende Überholmanöver, erlauben aber die flexible Nutzung der ganzen Breite des Weges, wenn sich auf ihm nur ein Strom bewegt. Ferner sollten an Engstellen entgegengesetzter Fußgängerströme statt einer zweimal so großen Passage lieber zwei kleinere errichtet werden, die durch die Selbstorganisation für verschiedene Richtungen genutzt würden und damit Behinderungen und Oszillationen verhindern würden. Weiter können asymmetrisch am Flaschenhals eines Stromes plazierte Säulen als Wellenbrecher mitunter lebensgefährlichen Druck abbauen, die Engstellen sollten aber von vornherein trichterförmig konvex errichtet werden (für die *Hajj* dagegen empfiehlt es sich aufgrund der Lage der Steinsäulen auf einer Brücke, die Pilger beidseitig an den Säulen vorbeizuführen). An Kreuzungen für mehr als zwei Fußgängerströme können Hindernisse in der Mitte und psychologisch durch optische Attraktionen oder führende Geländer erzeugte Kreisverkehre die Effizienz erhöhen, und schließlich kann das schädliche ausschließliche Herdenverhalten in Paniksituationen durch eindeutige optische und akustische Hinweise auf mehrere Ausgänge verringert werden, indem so auf eine optimalere Mischung von Individual- und Herdenverhalten hingewirkt wird.

Schlußendlich könnten in zukünftige Modelle zur Fußgängersimulation zur weiteren Annäherung an die Wirklichkeit und damit zur Untersuchung der Wirkung vieler weiterer Elemente von Fußgängeranlagen unter anderem richtungs- und geschwindigkeitsabhängige interpersonale Interaktionen, akustische Orientierungsmöglichkeiten, dynamische Strategieänderungen verschiedener Fußgängerverhaltenstypen und dreidimensionale Bewegungen beispielsweise auf Treppen einfließen. Dies ist angesichts einer weiter zunehmenden Weltbevölkerung und weiterer großer Massenereignisse in aller Welt, nicht zuletzt der Fußballweltmeisterschaft 2006 in unserem Land, dringend geboten, um weitere Katastrophen bereits im Voraus zu vermeiden und in Zukunft jedem Fußgänger überall auf der Welt optimalen Komfort und größtmögliche Sicherheit zu gewährleisten.

6. Literaturnachweis

[SZ04] Sueddeutsche.de, *Massenpanik während der Steinigung des Teufels*, http://www.sueddeutsche.de/panorama/artikel/864/25839/, 1. 2. 2004.

[Hel00] Helbing, Dirk, Farkas, Illés J., Vicsek, Tamás, *Simulating Dynamical Features of Escape Panic*, Nature Nr. 407 (2000), S. 487-490. Auf der zum Artikel gehörigen Webseite http://angel.elte.hu/~panic/ ist es möglich, auf dem Soziale-Kräfte-Modell basierende Simulationen zu betrachten.

[Hel02] Helbing, Dirk, Farkas, Illés J., Mólnar, Péter, Vicsek, Tamás, *Simulation of Pedestrian Crowds in Normal and Evacuation Situations,* in: Schreckenberg, S., Sharma, S. D. (Hrsg.), *Pedestrian and Evacuation Dynamics*, Springer Verlag Berlin 2002, S. 21-58.

[Hel03] Helbing, Dirk, Buzna, Lubos, Werner, Torsten, *Self-Organized Pedestrian Crowd Dynamics and Design Solutions,* 2003.

[Hen74] Henderson, L.F., *On the Fluid Mechanics of Human Crowd Motion,* Transportation Research Nr. 8 1974, S. 509-515.

[Kin03] Kinkeldey, Christoph, Rose, Martin, *Fußgängersimulation auf der Basis sechseckiger zellularer Automaten,* Institut für Bauinformatik, Universität Hannover 2003.

[Oka93] Okazaki, Shigeyuki, Matsushita, Satoshi, *A Study of Simulation Model for Pedestrian Movement with Evacuation and Queuing,* Elsevier Science Publishers B.V. 1993.

[Tek00] Teknomo, Kardi, Takeyama, Yasushi, Imamura, Hajime, *Review on Microscopic Pedestrian Simulation Model,* Proceedings Japan Society of Civil Engineering Conference, Morioka 2000.